たし算 ①

1 ものがたりの 本を 16ページ 読みました。あと 5ページ 読むと, ぜんぶで 何ページ 読んだことに なりますか。

（しき）

[　　　　　]

2 けんたさんは カードを 27まい もっています。あと 6まい 買うと, 何まいに なりますか。

（しき）

[　　　　　]

3 公園で 男の子が 9人と 女の子が 13人 あそんで います。みんなで 何人 あそんで いますか。

（しき）

[　　　　　]

答えは71ページ ☞

たし算 ②

1 東小学校の　2年生は　2クラス　あって，1組が　32人，2組が　35人です。2年生は　みんなで　何人ですか。

（しき）

[　　　　　]

2 みきさんは　45円の　チョコレートと　28円の　ガムを　買いました。だい金は　いくらに　なりますか。

（しき）

[　　　　　]

3 空きかんを　あおいさんは　58こ，しょうまさんは　76こ　ひろいました。合わせると　何こに　なりますか。

（しき）

たくさん
ひろったね。

[　　　　　]

答えは71ページ

LESSON
3

ひき算 ①

シール

月　　日

正かい
3こ中

こ／合かく
2こ

1 ビスケットが　30こ　あります。8こ　食べると　何こ　のこりますか。

（しき）

[　　　　　　　]

2 花の　たねを　25こ　うえました。そのうち　7こが　かれて　しまいました。花が　さいた　たねは　何こですか。

（しき）

[　　　　　　　]

3 いもほりで　いもを　9こ　ほりました。あと　何こ　ほると　15こに　なりますか。

（しき）

[　　　　　　　]

答えは71ページ☞

ひき算 ②

1 バスに 33人 のって いました。バスて いで 12人 おりました。のって いるの は 何人ですか。

（しき）

[　　　　　]

2 まゆさんは 35円の グミを 買って 50 円 出しました。おつりは いくらですか。

（しき）

[　　　　　]

3 しんごさんと つばささんが なわとびを しました。しんごさんは 145回, つばさ さんは 86回 とびました。しんごさんは つばささんより 何回 多く とびましたか。

（しき）

[　　　　　]

答えは71ページ☞

LESSON
5

たし算や ひき算 ①

シール

月　日

正かい
4こ中

こ／合かく
3こ

1 くりひろいに 行きました。わたしは 28こ,
弟は 19こ くりを ひろいました。

❶ 2人で 合わせて 何こ ひろいましたか。
（しき）

[　　　　　]

❷ わたしは 弟より 何こ 多く ひろいまし
たか。
（しき）

[　　　　　]

2 1年生が 24人と 2年生が 30人 あ
つまって います。

❶ 合わせて 何人 いますか。
（しき）

[　　　　　]

❷ 2年生は 1年生より 何人 多いですか。
（しき）

[　　　　　]

答えは71ページ

たし算や　ひき算 ②

1 おかしを　買いに　行きました。

45円

18円

30円

❶ ガムと　チョコレートを　買うと　何円に なりますか。

（しき）

[　　　　　　]

❷ ガムと　あめを　買うと　何円に　なります か。

（しき）

[　　　　　　]

❸ ガムを　買って　100円　出しました。お つりは　いくらに　なりますか。

（しき）

たし算かな？
ひき算かな？

[　　　　　　]

答えは71ページ ☞

たし算や　ひき算 ③

1 はじめ，子どもが　15人　あそんで　いました。そこへ　7人　あそびに　来ました。子どもは　何人に　なりましたか。

（しき）

[　　　　　　　]

2 子どもが　あそんで　いました。5人　来たので　18人に　なりました。はじめは　何人　いましたか。

（しき）

[　　　　　　　]

3 子どもが　あそんで　いました。4人　帰ったので　17人に　なりました。はじめは　何人　いましたか。

（しき）

[　　　　　　　]

答えは71ページ ☞

LESSON
8

たし算や　ひき算　④

シール

月　日

正かい
3こ中

こ／合かく
2こ

1 そうたさんと　えりこさんは　空きかんを
ひろって　います。そうたさんは　46こ,
えりこさんは　28こ　ひろいました。

❶ 合わせて　何こ　ひろいましたか。

（しき）

[　　　　　　　]

❷ そうたさんは　えりこさんより　何こ　多く
ひろいましたか。

（しき）

[　　　　　　　]

❸ えりこさんは　空きかんを　100こ　ひろ
いたいと　思って　います。あと　何こ　ひ
ろえば　よいですか。

（しき）

[　　　　　　　]

答えは71ページ ☞

まとめテスト ①

1 赤い　金魚が　18ひき,　黒い　金魚が　12ひき　およいで　います。合わせて　何びきおよいで　いますか。

（しき）

[　　　　　　　]

2 まことさんは　お母さんに　50円　もらって,　25円の　おかしを　買いました。お金は　いくら　のこりましたか。

（しき）

[　　　　　　　]

3 れなさんは　120ページの　本を　読んでいます。今までに　53ページ　読みました。あと　何ページ　のこって　いますか。

（しき）

[　　　　　　　]

答えは71ページ

まとめテスト ②

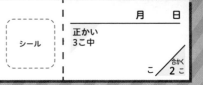

1 文ぼうぐを　買いに　行きました。

43円

108円

86円

❶ けしゴムと　ノートを　買うと　何円に　なりますか。
（しき）

[　　　　　　]

❷ ペンを　2本　買うと　何円に　なりますか。
（しき）

[　　　　　　]

❸ ノートは　ペンより　何円　高いですか。
（しき）

[　　　　　　]

答えは71ページ ☞

ひょうと グラフ ①

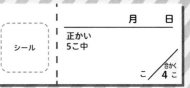
1 ゆみさんの　クラスで，すきな　食^たべものを
しらべました。

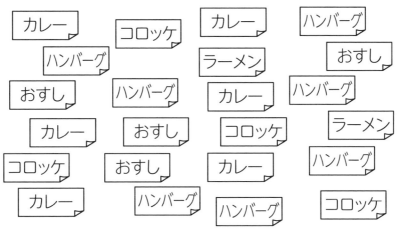

カレー　　コロッケ　　カレー　　ハンバーグ

ハンバーグ　　ラーメン　　おすし

おすし　　ハンバーグ　　カレー　　ハンバーグ

カレー　　おすし　　コロッケ　　ラーメン

コロッケ　　おすし　　カレー　　ハンバーグ

カレー　　ハンバーグ　　ハンバーグ　　コロッケ

○を　つかって，右の
グラフに　せいりしま
す。つづきを　かきま
しょう。

すきな　食べもの

○				
カレー	ハンバーグ	コロッケ	おすし	ラーメン

答えは72ページ ☞

LESSON
12

ひょうと グラフ ②

シール

月 日

正かい
6こ中

こ／合かく
4こ

1 学校で けがを した 人の 数を しらべ
て, ひょうに しました。

けがを した 人

場しょ	教室	ろう下	体いくかん	うんどう場	かいだん
人数	6人	8人	5人	9人	2人

❶ ○を つかって, グラフに せいりしましょう。

けがを した 人

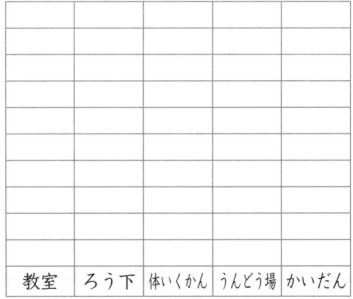

教室	ろう下	体いくかん	うんどう場	かいだん

❷ けがを した 人が いちばん 多い 場
しょは どこですか。

[   ]

ひょうと グラフ ③

1 すきな きゅう食しらべを して，グラフに
せいりしました。

すきな きゅう食

			○
		○	○
○		○	○
○	○	○	○
○	○	○	○
○	○	○	○
○	○	○	○
○	○	○	○
カレー	ラーメン	やきそば	とんかつ

❶ すきな 人が いちばん 多い きゅう食は
何ですか。

[　　　　　　　]

❷ ひょうに グラフの 人数を 書きましょう。

すきな きゅう食

きゅう食	カレー	ラーメン	やきそば	とんかつ
人数(人)				

答えは72ページ ☞

ひょうと グラフ ④

1 １年生と　２年生が　すきな　公園^{こうえん}あそびに
シールを　はりました。

すきな　あそび

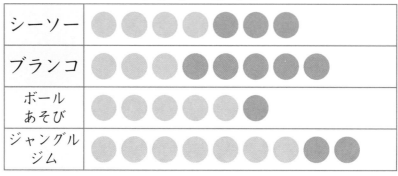

シーソー	
ブランコ	
ボール あそび	
ジャングル ジム	

○…１年生　　●…２年生

❶ １年生と　２年生は　合^あわせて　何人^{なんにん}　いま
すか。

[　　　　　　　　　]

❷ ジャングルジムが　すきな　１年生は　何人
いますか。

[　　　　　　　　　]

❸ ２年生で　いちばん　多^{おお}い　すきな　あそび
は　何ですか。

[　　　　　　　　　]

答えは72ページ ☞

時こくと　時間 ①

1　□に　あてはまる　数を　書きましょう。

❶　｜時間は □ 分です。

❷　｜日は □ 時間で，午前と　午後が

□ 時間ずつ　あります。

❸　時計の　長い　はりは　｜日に □ 回

まわります。みじかい　はりは　｜日に

□ 回　まわります。

2　□に　あてはまる　数を　書きましょう。

❶　｜時間 30 分＝ □ 分

❷　70 分＝｜時間 □ 分

❸　10 時 50 分の　20 分前の　時こくは，

10 時 □ 分です。

答えは72ページ ☞

時こくと　時間 ②

1 時計を　見て　答えましょう。

❶ 右の　時こくに　家を　出ました。
何時何分ですか。

[　　　　　　　]

❷ 右の　時こくに　学校に　つきま
した。何時何分ですか。

[　　　　　　　]

❸ 家から　学校まで　何分　かかりましたか。

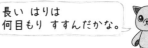

長い　はりは
何目もり　すすんだかな。

[　　　　　　　]

2 れみさんは　8時10分に　家を　出て　学
校に　行きました。学校まで　25分　かか
りました。れみさんが　学校に　ついた　時
こくは　何時何分ですか。

[　　　　　　　]

答えは72ページ ☞

時こくと　時間 ③

1 けいたさん，あさみさん，なおこさんの　お
きた　時こくを　時計で　あらわしました。

けいたさん　　　あさみさん　　　なおこさん

❶ いちばん　早く　おきたのは　だれですか。

[　　　　　　]

❷ あさみさんは　けいたさんより　何分　早く
おきましたか。

[　　　　　　]

❸ けいたさんは　なおこさんより　何分　早く
おきましたか。

[　　　　　　]

❹ なおこさんは　おきてから　30分後に　家を
出ました。家を　出たのは　何時何分ですか。

[　　　　　　]

答えは72ページ ☞

時こくと　時間 ④

シール

1 そうたさんは　午前9時5分から　45分間
算数の　べんきょうを　しました。べんきょ
うが　おわったのは　午前何時何分ですか。

[　　　　　　]

2 どうぶつ園に　行きました。午前10時15分
に　家を　出て, 午前11時に　どうぶつ園に
つきました。

❶ 家を　出てから　どうぶつ園に　つくまでに
何分　かかりましたか。

[　　　　　　]

❷ どうぶつ園に　ついてから　3時間後に　ど
うぶつ園を　出ました。どうぶつ園を　出た
のは　午後何時ですか。

[　　　　　　]

答えは72ページ ☞

まとめテスト ③

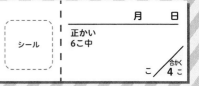

1 わすれものを　した　人の　数を　しらべて，ひょうに　しました。

わすれものを　した　人

曜日	月	火	水	木	金
人数	9人	5人	7人	5人	8人

❶ ○を　つかって，グラフに　せいりしましょう。

わすれものを　した　人

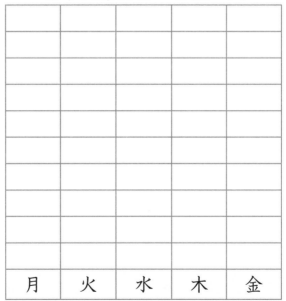

❷ わすれものを　した　人の　数が　同じだったのは，何曜日と　何曜日ですか。

[　　　　　]と[　　　　　]

答えは73ページ ☞

まとめテスト ④

1 □に あてはまる 数を 書きましょう。

① 時計の 長い はりが １回 まわると

□ 時間で, みじかい はりが １回

まわると □ 時間です。

② 午後１時の ２時間前の 時こくは 午前

□ 時です。

2 なおきさんが 学校に ついたのは 午前８時で, 学校を 出たのは 午後２時です。なおきさんは 学校に 何時間 いましたか。

[　　　　　　]

3 みのるさんは １時間20分 あそびました。たけしさんは 95分 あそびました。どちらが 何分 多く あそびましたか。

[　　　　]が [　　　　]分
多く あそんだ。

答えは73ページ

1000までの 数 ①

1 つぎの 数を 数字で 書きましょう。

❶ 百四十九　　　　❷ 八百七

[　　　　　]　　　[　　　　　]

❸ 二百五十　　　　❹ 九百

[　　　　　]　　　[　　　　　]

2 つぎの もんだいに 答えましょう。

❶ 百のくらいが 5, 十のくらいが 0, 一のく
らいが 2の 数を 数字で 書きましょう。

[　　　　　]

❷ 10を 26こ あつめた 数は いくつですか。

[　　　　　]

❸ 300は, 10を 何こ あつめた 数ですか。

[　　　　　]

❹ 1000より 200 小さい 数は いくつ
ですか。

[　　　　　]

答えは73ページ

1000までの 数 ②

1 数の 線を 見て 答えましょう。

❶ | 目もりは いくつですか。

5目もりで
50だから…

[　　　　　　　]

❷ ⑦, ④が あらわす 数を 書きましょう。

⑦[　　　　　　　] ④[　　　　　　　]

2 □に あてはまる 数を 書きましょう。

❶ 400 - 450 - [　　　　　] - 550 - 600 - 650

❷ 990 - 992 - 994 - 996 - [　　　　　] - 1000

❸ 770 - 775 - 780 - [　　　　　] - 790 - 795

答えは73ページ ☞

1000までの 数 ③

1 お花ばたけに 赤い チューリップが 110本,
白い チューリップが 70本 さいて います。

❶ 合わせて 何本 さいて いますか。
（しき）

[　　　　　　　]

❷ 赤い チューリップは, 白い チューリップ
より 何本 多く さいて いますか。
（しき）

[　　　　　　　]

2 文ぼうぐやさんで 絵のぐを 400円, ふ
でばこを 500円で 売って います。

❶ 絵のぐと ふでばこを 買うと 何円ですか。
（しき）

[　　　　　　　]

❷ 1000円 もって います。絵のぐを 買う
と, 何円 のこりますか。
（しき）

[　　　　　　　]

1000までの 数 ④

1 ゆうきさんは　100円玉を　2まいと　10円玉を　6まいと　1円玉を　8まい　もって　います。ぜんぶで　いくらですか。

[　　　　　　]

2 お店へ　行きました。150円の　おにぎりと　120円の　お茶を　買います。□にあてはまる　＞，＜を　書き，買えるか　買えないかを　答えましょう。

① 200円で　おにぎりと　お茶が　買えますか。

150+120 □ 200 だから，

[　　　　　　]

② 300円で　おにぎりと　お茶が　買えますか。

150+120 □ 300 だから，

[　　　　　　]

答えは73ページ☞

3つの 数の 計算 ①

1 公園で 子どもが 18人 あそんで いました。そこへ 男の子が 7人, 女の子が 3人 あそびに 来ました。

❶ 後から あそびに 来たのは, みんなで 何人ですか。

（しき）

[　　　　　　　]

❷ 子どもは みんなで 何人に なりましたか。

（しき）

[　　　　　　　]

2 みかさんは ものがたりの 本を きのうまでに 38ページ 読みました。その後 今日の 午前中に 13ページ, 午後に 17ページ 読みました。ぜんぶで 何ページ 読みましたか。

（しき）

[　　　　　　　]

答えは73ページ

LESSON
26

3つの 数の 計算 ②

シール

月　日

正かい
3こ中

こ／2こ

1 校ていで 1年生が 18人と 2年生が 14人 あそんで いました。後から 2年生が 6人 来ました。校ていには みんなで 何人 いますか。

❶ はじめに いた 人を 先に 計算する 1つの しきを つくって 答えを 書きましょう。

（しき）

[　　　　　　　]

❷ 2年生を 先に まとめて 計算する 1つの しきを つくって 答えを 書きましょう。

（しき）

[　　　　　　　]

2 広場に はとが 15羽 いました。そこへ 11羽 とんで 来ました。その後 6羽 とんで 行きました。はとは 何羽に なりましたか。

（しき）

[　　　　　　　]

答えは74ページ ☞

3つの 数の 計算 ③

1 数を よく 見て，くふうして 計算しましょう。

たす じゅんじょを
かえても 答えは
同じだよ。

❶ 67+29+1

❷ 42+37+8

❸ 350+180+20

❹ 150+490+50

2 おかしやさんで 43円の ガムと 25円の あめを 買って，100円 はらいました。おつりは いくらですか。1つの しきを つくって 答えを 書きましょう。

(しき) ＿＿ － (＿＿ ＋ ＿＿) = ＿＿

[　　　　　　　]

答えは74ページ ☞

LESSON
28

3つの 数の 計算 ④

シール

月　日

正かい
3こ中

こ／2こ
合かく

1 公園で 子どもが 45人 あそんで いました。3時に 17人が 帰り, 4時に 3人が 帰りました。公園に のこって いる 子どもは 何人ですか。

① じゅんに 計算する 1つの しきを つくって 答えを 書きましょう。

(しき)

[　　　　　]

② 帰った 人数を 先に まとめて 計算する 1つの しきを つくって 答えを 書きましょう。

(しき)

[　　　　　]

2 きのう はたけで みかんが 36こ とれました。今日は 48こ とれましたが, そのうち 5こが いたんで いたので すてました。きのうと 今日で みかんは 何こ とれましたか。

(しき)

[　　　　　]

答えは74ページ ☞

まとめテスト ⑤

1 つぎの 数を 数字で 書きましょう。

❶ 100 を 5 こと 10 を 3 こ あつめた 数

[　　　　　]

❷ 1000 より 1 小さい 数

[　　　　　]

2 2つの 数の 大きさを くらべて, □に
あてはまる ＞, ＜を 書きましょう。

❶ 465 □ 456　　❷ 809 □ 900

3 ゆみさんは 650 円, 妹は 320 円 もっ
て います。

❶ 2人 合わせて 何円 もって いますか。
(しき)

[　　　　　]

❷ ゆみさんは 妹より 何円 多く もって
いますか。
(しき)

[　　　　　]

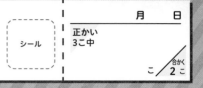
1 ちゅう車場に　バイクが　15台と　自てん車が　6台　とまって　います。後から　自てん車が　4台　とまりました。ぜんぶで何台に　なりましたか。

（しき）

[　　　　　]

2 ひろしさんは　20円の　えんぴつと　25円の　けしゴムを　買って，100円　出しました。おつりは　いくらですか。

❶ （　）を　つかわない　1つの　しきを　つくって　答えを　書きましょう。

（しき）

[　　　　　]

❷ 買ったものの　だい金を　先に　まとめて計算する　1つの　しきを　つくって　答えを　書きましょう。

（しき）

[　　　　　]

答えは74ページ ☞

長さ ①

1 ㋐や ㋑の 長さは 何cm ですか。

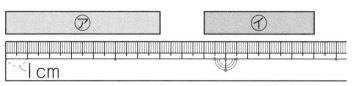

㋐ [　　　　　] 　㋑ [　　　　　]

2 えんぴつの 長さを しらべました。

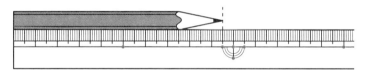

❶ 1cm は 何mm ですか。

[　　　　　]

❷ えんぴつの 長さは 何cm 何mm ですか。

[　　　　　]

❸ えんぴつの 長さは 何mm ですか。

[　　　　　]

答えは74ページ

長さ ②

1 まっすぐな 線が あります。

❶ まっすぐな 線を 何と いいますか。

[　　　　　　]

❷ この 線の 長さを ものさしで はかりま
しょう。

[　　　　　　]

2 □に あてはまる 数を 書きましょう。

たんいに
気を つけよう。

❶ 78mm=□cm□mm

❷ 6cm5mm=□mm

❸ 5cm6mm+3cm=□cm□mm

❹ 8cm8mm−5mm=□cm□mm

❺ 25mm+38mm=□cm□mm

答えは74ページ☞

長さ ③

1 あゆみさんの　しん長は　30cm の　ものさ
しで　ちょうど　4つ分でした。

❶ あゆみさんの　しん長は　何cm ですか。

[　　　　　　　]

❷ あゆみさんの　しん長は　何m 何cm ですか。

[　　　　　　　]

2 長いほうを　○で　かこみましょう。

❶ （ 2m　と　130cm ）

❷ （ 1m60cm　と　210cm ）

3 長さの　たんいを　書きましょう。

❶ はがきの　よこの　長さ……10[　　　　]

❷ 教科書の　あつさ……4[　　　　]

❸ 学校の　ろうかの　はば……2[　　　　]

答えは75ページ ☞

長さ ④

1 □に あてはまる 数を 書きましょう。

❶ 450cm= [　　　] m [　　　] cm

❷ 405cm= [　　　] m [　　　] cm

❸ 3m18cm−2m= [　　　] m [　　　] cm

❹ 2m40cm+50cm= [　　　] m [　　　] cm

2 ゆみさんの リボンは 60cm, ゆきさんの
リボンは 35cm, かりんさんの リボンは
50cm です。

❶ ゆみさんの リボンは ゆきさんの リボン
より 何cm 長いですか。

[　　　　　　　]

❷ だれと だれの リボンを つなぐと 1m
を こえますか。

[　　　　　] と [　　　　　]

答えは75ページ ☞

水の　かさ　①

1 水の　かさは　どれだけでしょう。

❶

$\boxed{}$ L

❷

$\boxed{}$ L $\boxed{}$ dL

❸

$\boxed{}$ L $\boxed{}$ dL

2 □に　あてはまる　数を　書きましょう。

❶ 3L＝$\boxed{}$dL　❷ 50dL＝$\boxed{}$L

❸ 2L7dL＝$\boxed{}$dL

❹ 1L8dL＋3L＝$\boxed{}$L$\boxed{}$dL

❺ 1L8dL－3dL＝$\boxed{}$L$\boxed{}$dL

答えは75ページ ☞

1 水とうに 入って いる 水の かさを し
らべたら, 1L の ます 1こ分と 1dL
の ます 3こ分でした。

❶ 水の かさは 何dL ですか。

[　　　　　　]

❷ 水とうの 水を 5dL つかうと, あと 何
dL 水が のこりますか。

[　　　　　　]

2 ジュースが ペットボトルに 1L5dL, 紙
パックに 3dL 入って います。

❶ ペットボトルと 紙パックの ジュースを 合
わせると 何L何dL ですか。

[　　　　　　]

❷ ペットボトルの ほうが 紙パック より
何L何dL 多く 入って いますか。

[　　　　　　]

答えは75ページ ☞

水の かさ ③

1 □に あてはまる 数を 書きましょう。

❶ 1L＝□dL　❷ 1L＝□mL

❸ 4dL＝□mL

❹ 200mL＝□dL

2 つぎの かさに いちばん 近い 入れもの
は どれですか。○で かこみましょう。

❶ 200mL

（ バケツ　　牛にゅうびん　　水そう ）

❷ 1L

（ コップ　　かんジュース　　水とう ）

❸ 30dL

（ なべ　　水とうのふた　　紙パック ）

水の　かさ ④

1 かさの　計算を　しましょう。

❶ 240mL−60mL= [　　　　] mL

❷ 300mL+700mL= [　　　　] L

2 水が　コップに　2dL，ペットボトルに
500mL　入って　います。水は　ぜんぶで
何mL　ありますか。

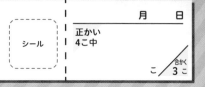

たし算で もとめるよ。

[　　　　　　]

3 ジュースが　びんに　1L　入って　います。
このうち　200mL を　のみました。びんに
のこって　いる　ジュースは　何mLですか。

[　　　　　　]

まとめテスト ⑦

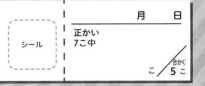

シール

月　　日

正かい
7こ中

こ／合かく 5 こ

1 □に あてはまる 数を 書きましょう。

❶ 3m= [   ] cm

❷ 3cm= [   ] mm

❸ 2m60cm= [   ] cm

❹ 2m6cm= [   ] cm

2 ものさしを 見て 答えましょう。

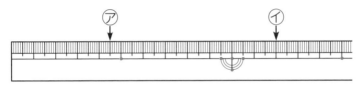

❶ 左はしから ㋐までの 長さは 何cm何
mm ですか。

[   ]

❷ 左はしから ㋑までの 長さは 何cmですか。

[   ]

❸ ㋐から ㋑までの 長さは 何cm何mm で
すか。

[   ]

答えは75ページ ☞

まとめテスト ⑧

シール

1 □に あてはまる 数を 書きましょう。

❶ 3L = [　　　] mL

❷ 2L3dL = [　　　] dL

❸ 8dL+6dL = [　　] L [　　] dL

2 □に あてはまる かさの たんいを 書きましょう。

❶ 金魚ばちの 水……3 [　　　]

❷ スプーン 1ぱいの 水……2 [　　　]

3 ペンキが 1L2dL あります。かべを ぬるのに 5dL つかいました。ペンキは あと 何dL のこって いますか。

[　　　　　]

三角形と　四角形 ①

1 三角形を　2つ　見つけましょう。

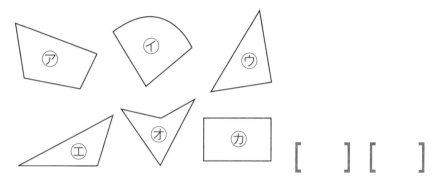

[　　] [　　]

2 □に　あてはまる　数や　ことばを　書きましょう。

❶ □本の　直線で　かこまれた　形を　三角形と　いいます。

❷ 三角形の　直線の　ところを　□　といいます。

❸ 三角形の　かどの　点を　□　といいます。

❹ 三角形には　かどの　点は　□こ　あります。

答えは76ページ

LESSON
42

さんかくけい しかくけい
三角形と 四角形 ②

 シール

月　　日

正かい
4こ中

こ／合かく
3こ

1 四角形を 2つ 見つけましょう。

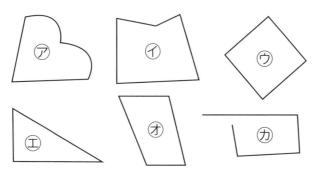

かどは いくつかな。

　　　　　　　　　　　[　][　]

2 四角形に 直線を 1本 ひいて, つぎの
2つの 形を つくりましょう。

❶ 2つの 三角形

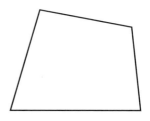

❷ 三角形と 四角形

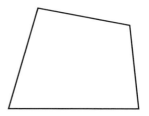

答えは76ページ

長方形・正方形・
直角三角形 ①

1 □に あてはまる ことばを 書きましょう。

❶ 4つの かどが みんな [　　　　]に なっ
て いる 四角形を 長方形と いいます。

❷ 長方形の むかい合って いる [　　　　]の
長さは 同じです。

❸ 4つの かどが みんな 直角で, 4つの
へんの 長さが みんな 同じに なって
いる 四角形を [　　　　]と いいます。

2 長方形と 正方形を 1つずつ えらびま
しょう。

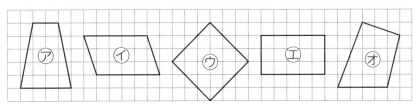

長方形 [　　] 正方形 [　　]

答えは76ページ ☞

長方形・正方形・直角三角形 ②

1 右の　形は　長方形です。

❶ ㋐の　へんの　長さは　何
cm ですか。

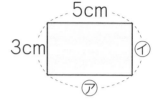

5cm
3cm
㋑
㋐

[　　　　　　　　]

❷ ㋑の　へんの　長さは　何 cm ですか。

[　　　　　　　　]

❸ 長方形の　まわりの　長さは　何 cm ですか。

[　　　　　　　　]

2 右の　形は　正方形です。

❶ ㋐の　へんの　長さは　何
cm ですか。

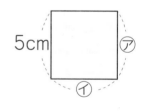

5cm
㋐
㋑

[　　　　　　　　]

❷ ㋑の　へんの　長さは　何 cm ですか。

[　　　　　　　　]

❸ 正方形の　まわりの　長さは　何 cm ですか。

[　　　　　　　　]

答えは76ページ ☞

LESSON

45

長方形・正方形・
直角三角形 ③

シール

月　日

正かい
5こ中

こ／合かく
4こ

1 つぎのように　長方形の　紙を　2つに
切って、三角形を　2まい　つくりましょう。

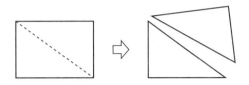

❶ できた　三角形は　何と　いう　三角形ですか。

[　　　　　　]

❷ できた　2まいの　三角形を　すきまなく
ならべて、三角形を　2しゅるい　つくりま
しょう。

❸ できた　2まいの　三角形を　すきまなく
ならべて、はじめとは　ちがう　四角形を
2しゅるい　つくりましょう。

答えは76ページ ☞

LESSON
46

長方形・正方形・
直角三角形 ④

シール

月　日

正かい
4こ中

こ／合かく 3 こ

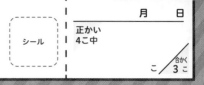

1 つぎの 形を 方がん紙に かきましょう。

❶ たて 2cm, よこ 3cm の
長方形

じょうぎを つかって
まっすぐな 線を ひこう。

❷ 1つの へんの 長さが
3cm の 正方形

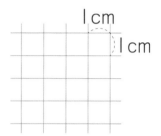

❸ 3cm の へんと 4cm の
へんの あいだに, 直角の
かどが ある 直角三角形

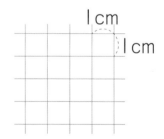

❹ 4つの ちょう点の うち
3つが ・の 正方形

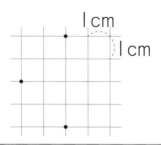

答えは76ページ ☞

はこの 形①

1 はこの 形を つくりました。

① ⑦のような たいらな ところを 何と いいますか。

[　　　　　　　]

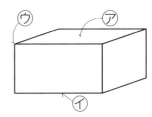

② ⑦のような 直線の ところを 何と いいますか。

[　　　　　　　]

③ ⑦のような かどの ところを 何と いいますか。

[　　　　　　　]

2 □に あてはまる 数を 書きましょう。

① はこの 形には 面が [　　　　] つ, へんが

[　　　　] , ちょう点が [　　　　] つ ありま
す。

② はこの 形には 同じ 形の 面が [　　　　]
つずつ あります。

答えは77ページ ☞

はこの 形 ②

1 はこの 形を 組み立てます。

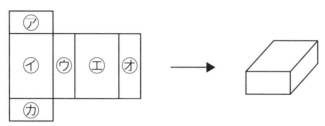

❶ ⑦の 面は 何と いう 形ですか。

[　　　　　]

❷ はこの 形に 組み立てたとき, ⑦の 面と
むかい合う 面は どれですか。

[　　　　　]

2 組み立てると はこの 形に なるのは, ⑦,
⑦の どちらですか。

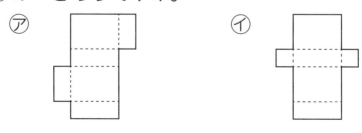

⑦　　　　　　　　　　　　⑦

[　　　　　]

答えは77ページ ☞

はこの 形 ③

1 ひごと ねん土玉を つ
かって, はこの 形を つ
くりました。

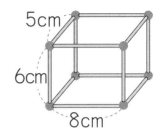

5cm
6cm
8cm

❶ どんな 長さの ひごを
何本ずつ つかいましたか。

5cmの ひご[　　　]本

6cmの ひご[　　　]本

8cmの ひご[　　　]本

❷ つかった ひごの 長さを ぜんぶ たすと,
何cmに なりますか。

[　　　　　　]

❸ ねん土玉は 何こ つかいましたか。

[　　　　　　]

❹ |つの ねん土玉に ひごが 何本ずつ つ
ながって いますか。

[　　　　　]

答えは77ページ ☞

はこの 形 ④

1 ひごと ねん土玉で 右のような
さいころの 形を つくろうと
思^{おも}います。

❶ さいころの 形では 面^{めん}の 形は 何^{なん}という
四角形^{しかくけい}ですか。

[　　　　　　　]

❷ どんな 長^{なが}さの ひごが 何本 いりますか。

[　　　]cm の ひごが [　　　]本

❸ ねん土玉は 何こ いりますか。

[　　　　　　　]

2 組^くみ立てると さいころの 形に なるのは,
⑦, ⑦, ⑦の どれですか。

⑦
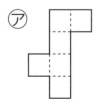

⑦
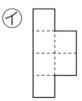

⑦

[　　　　　　　]

答えは77ページ☞

まとめテスト ⑨

1 長方形，正方形，直角三角形を １つずつ
えらびましょう。

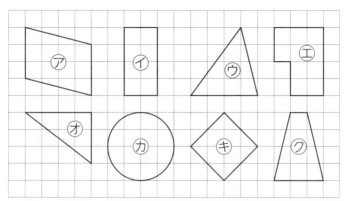

長方形 [　　　]　正方形 [　　　]　直角三角形 [　　　]

2 つぎの もんだいに 答えましょう。

❶ 正方形に 直線を ２本 ひいて，
４つの 正方形を つくりましょ
う。

❷ 正方形に 直線を ２本 ひいて，
４つの 直角三角形を つくりま
しょう。

答えは77ページ ☞

まとめテスト ⑩

1 ひごと　ねん土玉を　つかって，右のような　はこの　形を　つくろうと　思います。

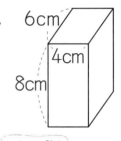

6cm
4cm
8cm

❶ 8cmの　ひごは　何本　いりますか。

へんの　数を
数えよう。

[　　　　　]

❷ ねん土玉は　ぜんぶで　何こ　いりますか。

[　　　　　]

2 それぞれの　面に　1，2，3，4，5，6の　数字を　書いた　さいころを　つくろうと　思います。むかい合う　面の　数字を　たすと，7に　なるように　します。下の　図の　あいて　いる　面に，4，5，6の　数字を　1つずつ　入れましょう。

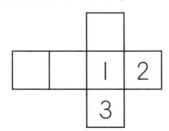

1 | 2
3

答えは77ページ

かけ算 ①

1 チョコレートが １はこに ５こずつ　入って　います。6はこ分の　チョコレートは　何こですか。

（しき）

[　　　　　　]

2 おすしやさんで　１さらに　２こずつ　すしが　のって　います。たけとさんは　7さら食べました。たけとさんは　すしを　何こ食べましたか。

（しき）

[　　　　　　]

3 先生が　子どもたちに　３まいずつ　紙をくばります。子どもは　8人　います。紙を何まい　用いすれば　よいですか。

（しき）

[　　　　　　]

4 テープを　３本　つなぎます。１本の　長さは4cm です。ぜんぶで　何cm に　なりますか。

（しき）

[　　　　　　]

答えは77ページ

かけ算 ②

1 1まい 8円の 色紙を 5まい 買いました。何円に なりますか。

（しき）

[　　　　　　　]

2 1週間は 7日 あります。3週間は 何日 ありますか。

（しき）

[　　　　　　　]

3 あいこさんは 1日に 6ページずつ 本を 読みます。8日で 何ページ 読みますか。

（しき）

[　　　　　　　]

4 野きゅうの チームは 1チーム 9人です。6チームでは 何人に なりますか。

（しき）

[　　　　　　　]

答えは78ページ ☞

かけ算 ③

1 ⑦, ①, ⑦, ①の テープが あります。

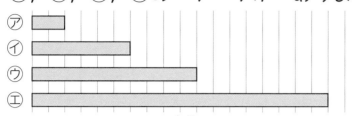

❶ ⑦の テープの 長さは, ⑦の テープの 長さの 何ばいですか。

[　　　　　]

❷ ①の 3ばいの 長さの テープは どれですか。

[　　　　　]

2 ○の 数を くふうして 数えました。□に あてはまる 数を 書きましょう。

❶ 4× □ =16　　3× □ =6

16+6=22　　　　　（答え）22 こ

❷ 4× □ =24　　24- □ =22

（答え）22 こ

答えは78ページ ☞

LESSON
56

かけ算 ④

シール

月　　日

正かい
7こ中

こ／合かく
5こ

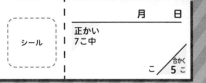

1 九九の　しきを　書きましょう。

① 答えが　49に　なる　九九の　しき

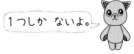

1つしか　ないよ。

[　　×　　 =49]

② 答えが　24に　なる　九九の　しき（4つ）

[　　×　　 =24][　　×　　 =24]

[　　×　　 =24][　　×　　 =24]

2 みきさんは　九九の　ひょうを　見て　気づいた　ことを　書きました。□に　あてはまる　数を　書きましょう。

① 8のだんでは，かける数が　1　ふえると

答えは　[　　　　]　ふえます。

② [　　　　]のだんの　九九の　答えは，2のだんの　答えと　5のだんの　答えを　たした数に　なって　います。

答えは78ページ☞

10000 までの 数 ①

シール

月　日
正かい
6こ中
こ／合かく 4こ

1 4126に ついて 答えましょう。

❶ 4126は 何と 読みますか。かん字で 書きましょう。

[　　　　　　　　　　]

❷ 千のくらいの 数字は 何ですか。

[　　　]

❸ 4126は，1000を 4こと

100を [　　　]こと 10を 2こと

1を [　　　]こ あつめた 数です。

2 つぎの 数を 数字で 書きましょう。

❶ 100を 15こ あつめた 数

[　　　　　　　　]

❷ 10000より 10 小さい 数

[　　　　　　　　]

❸ 千のくらいが 5，百のくらいが 0，十のくらいが 2，一のくらいが 3の 数

[　　　　　　　　]

答えは78ページ ☞

シール

月　　日
正かい
7こ中
こ／合かく5こ

1 □に　あてはまる　＞，＜を　書（か）きましょう。

❶ 2000 □ 1975　❷ 3462 □ 3642

❸ 6050 □ 6500　❹ 7368 □ 7361

2 数（かず）の線（せん）を　見て，□に　あてはまる　数を
書きましょう。

❶
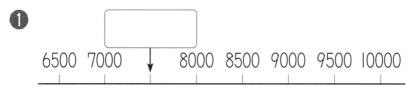

6500　7000　　　8000　8500　9000　9500　10000

❷
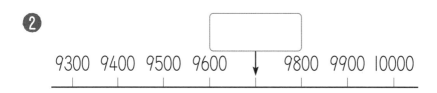

9300　9400　9500　9600　　　9800　9900　10000

❸
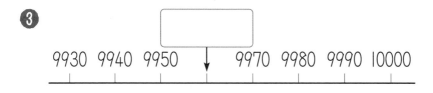

9930　9940　9950　　　9970　9980　9990　10000

答えは78ページ ☞

分数 ①

1 もとの 大きさの $\frac{1}{2}$に なって いる も
のは どれですか。

もとの 大きさ　　　　⑦　　　　⑦　　　　⑨

[　　　　　]

2 もとの 大きさの $\frac{1}{4}$に なって いる も
のは どれですか。

もとの 大きさ　　　　　⑦　　　　⑦　　　　⑨

[　　　　　]

3 ⑦の テープは もとの 長さの $\frac{1}{4}$です。も
との 長さは ⑦, ⑨, ㋐の どれですか。

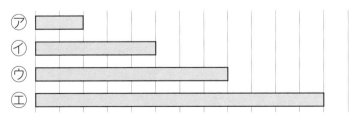

[　　　　　]

答えは78ページ☞

分数 ②

1 つぎの　大きさに　色を　ぬりましょう。

① $\frac{1}{2}$

② $\frac{1}{4}$

2 つぎの　大きさに　色を　ぬりましょう。

① $\frac{1}{2}$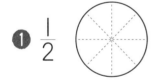

② $\frac{1}{8}$

3 6cm の　テープを，同じ　長さに　なるよ
うに　3つに　分けます。□に　あてはまる
数を　書きましょう。

① 1つ分の　長さは　もとの　長さの

　□ 分の 1　です。

② 1つ分の　長さは　□ cm です。

答えは78ページ ☞

まとめテスト ⑪

1 しんじさんは　カードを　8まい　もって
います。お兄さんは　しんじさんの　3ばい
の　カードを　もって　います。お兄さんは
カードを　何まい　もって　いますか。
（しき）

[　　　　　　　]

2 子どもが　7人　います。1人に　9まいず
つ　おり紙を　くばるには　おり紙は　何ま
い　いりますか。
（しき）

[　　　　　　　]

3 答えが　36に　なる　九九の　しきを　3
つ　書きましょう。

[　　×　　=36] [　　×　　=36]

[　　×　　=36]

LESSON 62

まとめテスト ⑫

シール

月　日

正かい
7こ中

こ／合かく 5こ

1 □に　あてはまる　数を　書きましょう。

❶ 千を　2こと　百を　3こ　あつめた　数を
数字で　書くと　□□□□□　です。

❷ 7652の　百のくらいの　数は　□□□□　です。

❸ 10000より　200　小さい　数は
□□□□　です。

❹ 10000は　100を　□□□□　こ　あつ
めた　数です。

2 もとの　大きさの $\frac{1}{2}$, $\frac{1}{4}$, $\frac{1}{8}$ に　なって
いる　ものを　1つずつ　えらびましょう。

もとの　大きさ　　⑦　　　⑦　　　⑦

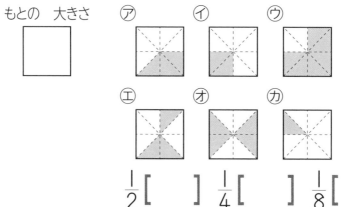

⑦　　　⑦　　　⑦

$\frac{1}{2}$ [　　] $\frac{1}{4}$ [　　] $\frac{1}{8}$ [　　]

図を つかって 考えよう ①

月　日

正かい
3こ中

こ　合かく 2こ

1 西小学校の 2年生は，みんなで 60人 います。2クラス あって，1組は 31人， 2組は 29人です。つぎの 人数を もと める しきを 書きましょう。

❶ 1組の 人数

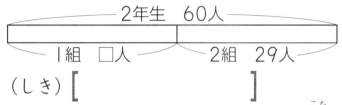

（しき）[　　　　　　　　　]

（答え）31人

❷ 2組の 人数

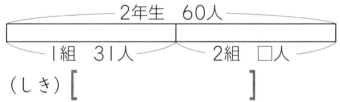

（しき）[　　　　　　　　　]

（答え）29人

❸ 2年生の 人数

（しき）[　　　　　　　　　]

（答え）60人

答えは79ページ ☞

図を つかって 考えよう ②

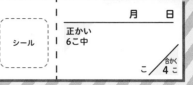

1 教室に 子どもが 18人 いました。後から 何人か 来たので 25人に なりました。

❶ [　]に あてはまる 数を 書きましょう。

はじめ [⑦　　　]人　　後から来た □人

みんなで [⑦　　　]人

❷ 後から 来た 人は 何人ですか。
（しき）

[　　　　　　　]

2 紙が 何まいか ありました。46まい つかったので のこりが 14まいに なりました。

❶ [　]に あてはまる 数を 書きましょう。

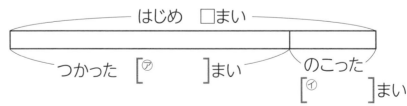

はじめ □まい

つかった [⑦　　　]まい　　のこった [⑦　　　]まい

❷ 紙は はじめ 何まい ありましたか。
（しき）

[　　　　　　　]

答えは79ページ

図を つかって 考えよう ③

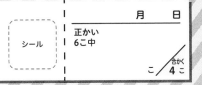

1 本だなに 図かんと 絵本が ならんで います。図かんは 18さつ あります。図かんは 絵本より 5さつ 多いそうです。

❶ [　]に あてはまる ものを [＿＿]から えらんで 書き入れましょう。

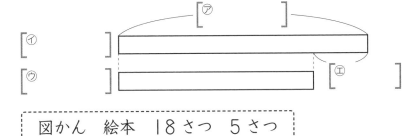

[⑦　　　]
[⑦　　　]

```
図かん　絵本　18さつ　5さつ
```

❷ 絵本は 何さつ ありますか。
（しき）

[　　　　　　]

2 ケーキと シュークリームを 買います。ケーキは 250円です。ケーキは, シュークリームより 130円 高いそうです。シュークリームは いくらですか。
（しき）

[　　　　　　]

答えは79ページ ☞

図を つかって 考えよう ④

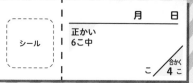
1 えりなさんの しん長は 125cm です。え りなさんは お父さんより 48cm ひくい そうです。

❶ [　]に あてはまる ものを ┆……┆から え らんで 書き入れましょう。

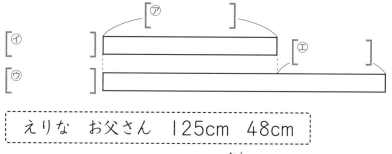

[ア]　[イ]　[ウ]　[エ]

┌─────────────────────────┐
│ えりな　お父さん　125cm　48cm │
└─────────────────────────┘

❷ お父さんの しん長は 何cm ですか。
（しき）

[　　　　　　　]

2 赤い おはじきが 18こ あります。赤い おはじきは, 青い おはじきより 6こ 少 ないそうです。青い おはじきは 何こ あ りますか。
（しき）

[　　　　　　　]

答えは79ページ ☞

いろいろな　もんだい ①

1 先生に　ノートを　見てもらうのに，15人
が　1れつに　ならんで　います。ちえみさ
んの　前^{まえ}には　5人　います。ちえみさんの
後^{うし}ろには　何人^{なんにん}　いますか。

 ちえみさんは　どこかな。

○○○○○○○○○○○○○○○

[　　　　　　　　]

2 12人の　子どもたちが　よこに　ならん
で　すわって　います。けんたさんは　左か
ら　7番目^{ばんめ}に　います。けんたさんは　右か
ら　何番目ですか。

[　　　　　　　　]

3 何人かの　子どもたちが　1れつに　ならん
で　います。りこさんの　前には　3人，後
ろには　5人　ならんで　います。みんなで
何人　ならんで　いますか。

[　　　　　　　　]

答えは79ページ ☞

いろいろな もんだい ②

シール

1 れいのように, となりどうしの 数を たします。答えは, 下の ○に 書きます。れいに ならって, あいて いる ○に 数を 書きましょう。○に 入る 数は 何ですか。

（れい）

① ② ③
　③ ⑤
　　⑧

❶
⑥ ④ ⑦
　○ ○
　　○

❷
③ ④ ○
　○ ⑩
　　○

[　　]　　　　　[　　]

❸
② ③ ○ ○
　○ ⑨ ⑪
　　○ ○
　　　○

❹
○ ○ ② ○
　○ ③ ○
　　⑧ ○
　　　⑲

[　　]　　　　　[　　]

答えは80ページ ☞

まとめテスト ⑬

1 牛にゅうが　300mL　あります。何mL か
のんで, まだ　120mL　のこって　います。

❶ [　]に　あてはまる　数を　書きましょう。

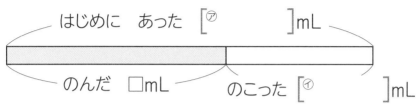

はじめに　あった [⑦　　　　]mL

のんだ　□mL　　のこった [⑦　　　　]mL

❷ のんだ　牛にゅうは　何mL ですか。
（しき）

[　　　　　　　　]

2 赤い　花が　22本　さいて　います。赤い
花は　白い　花より　5本　多く　さいて
います。

❶ [　]に　あてはまる　数を　書きましょう。

赤い　花 [⑦　　　　]本

白い　花 [⑦　　　　]本

❷ 花は　ぜんぶで　何本　さいて　いますか。

[　　　　　　　　]

　　答えは80ページ ☞

まとめテスト ⑭

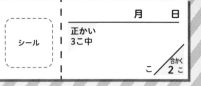
1 かべに 15まいの 絵を よこに ならべ て はりました。ゆうとさんの 絵は 左 から 10番目に あります。ゆうとさんの 絵は 右から 何番目に ありますか。

[　　　　　　　]

2 いちばん 下の 4つの ますに 同じ 数 を 入れます。となりどうしの 数を たし て, 答えを 上の ますに 書きます。

❶ いちばん 下の ますに 6 を 入れると, いちばん 上 の ますの 数は いくつに なりますか。

```
        □
      □ □
    12 □ □
    6 6 6 6
```

[　　　　　　　]

❷ いちばん 上の ますが 32に なるのは, いちばん 下の ますに どんな 数を 入 れた ときですか。

[　　　　　　　]

答えは80ページ ☞

① たし算 ①　　　　1ページ

1　(しき)16+5=21　21ページ

2　(しき)27+6=33　33まい

3　(しき)9+13=22　22人

② たし算 ②　　　　2ページ

1　(しき)32+35=67　67人

2　(しき)45+28=73　73円

3　(しき)58+76=134　134こ

③ ひき算 ①　　　　3ページ

1　(しき)30−8=22　22こ

2　(しき)25−7=18　18こ

3　(しき)15−9=6　6こ

アドバイス 問題に出てきた順番に数字をならべて，9−15=6 と書いてしまわないように注意させましょう。

④ ひき算 ②　　　　4ページ

1　(しき)33−12=21　21人

2　(しき)50−35=15　15円

アドバイス 35−50=15 と書いてしまわないように注意させましょう。

3　(しき)145−86=59　59回

⑤ たし算や　ひき算 ①　　　5ページ

1　❶(しき)28+19=47　47こ

　　❷(しき)28−19=9　9こ

2　❶(しき)24+30=54　54人

　　❷(しき)30−24=6　6人

⑥ たし算や　ひき算 ②　　　6ページ

1　❶(しき)45+30=75　75円

　　❷(しき)45+18=63　63円

　　❸(しき)100−45=55　55円

⑦ たし算や　ひき算 ③　　　7ページ

1　(しき)15+7=22　22人

2　(しき)18−5=13　13人

3　(しき)17+4=21　21人

⑧ たし算や　ひき算 ④　　　8ページ

1　❶(しき)46+28=74　74こ

　　❷(しき)46−28=18　18こ

　　❸(しき)100−28=72　72こ

⑨ まとめテスト ①　　　9ページ

1　(しき)18+12=30　30ぴき

2　(しき)50−25=25　25円

3　(しき)120−53=67

　　　　　　　67ページ

⑩ まとめテスト ②　　　10ページ

1　❶(しき)43+108=151　151円

　　❷(しき)86+86=172　172円

❸（しき）108−86＝22　22円

🥕 **アドバイス** **❷**かけ算はまだ学習していないので，たし算で求めます。

⑪ ひょうと　グラフ ①　　11ページ

1 すきな　食べもの

	○			
○	○			
○	○			
○	○	○	○	
○	○	○	○	
○	○	○	○	○
○	○	○	○	○
カレー	ハンバーグ	コロッケ	おすし	ラーメン

⑫ ひょうと　グラフ ②　　12ページ

1 **❶**

けがを　した　人

			○	
	○		○	
	○		○	
○	○		○	
○	○	○	○	
○	○	○	○	
○	○	○	○	
○	○	○	○	○
○	○	○	○	○
教室	ろう下	体いくかん	うんどう場	かいだん

❷うんどう場

⑬ ひょうと　グラフ ③　　13ページ

1 **❶**とんかつ

❷
すきな　きゅう食

きゅう食	カレー	ラーメン	やきそば	とんかつ
人数(人)	6	5	7	8

⑭ ひょうと　グラフ ④　　14ページ

1 **❶**30人

❷7人

❸ブランコ

⑮ 時こくと　時間 ①　　15ページ

1 **❶**60

❷24，12

❸24，2

2 **❶**90

❷10

❸30

⑯ 時こくと　時間 ②　　16ページ

1 **❶**8時15分

❷8時35分

❸20分

2 8時35分

⑰ 時こくと　時間 ③　　17ページ

1 **❶**あさみさん

❷16分

❸19分

❹8時5分

⑱ 時こくと　時間 ④　　18ページ

1 （午前）9時50分

2 **❶**45分

❷（午後）2時

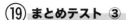

⑲ まとめテスト ③　　19ページ

1 ❶

わすれものを　した　人

	月	火	水	木	金
	◯				
	◯				◯
	◯		◯		◯
	◯		◯		◯
	◯	◯	◯	◯	◯
	◯	◯	◯	◯	◯
	◯	◯	◯	◯	◯
	◯	◯	◯	◯	◯
	◯	◯	◯	◯	◯

❷火曜日と　木曜日

⑳ まとめテスト ④　　20ページ

1 ❶ 1, 12
❷ 11
2 6時間
3 たけしさんが　15分　多く
あそんだ。

🕊️アドバイス 1時間20分＝80分だから，
たけしさんのほうが15分多く遊んでいます。

㉑ 1000までの　数 ①　　21ページ

1 ❶ 149　　❷ 807
❸ 250　　❹ 900

🕊️アドバイス 十の位や一の位の0を書き忘
れないように注意させましょう。

1 ❶ 502
❷ 260
❸ 30こ
❹ 800

㉒ 1000までの　数 ②　　22ページ

1 ❶ 10
❷㋐ 640　　㋑ 720
2 ❶ 500
❷ 998
❸ 785

🕊️アドバイス 数がいくつずつ増えているかを
考えさせます。

㉓ 1000までの　数 ③　　23ページ

1 ❶（しき）110＋70＝180
180本
❷（しき）110－70＝40
40本
2 ❶（しき）400＋500＝900
900円
❷（しき）1000－400＝600
600円

㉔ 1000までの　数 ④　　24ページ

1 268円
2 ❶＞，買えない
❷＜，買える

㉕ 3つの　数の　計算 ①　　25ページ

1 ❶（しき）7＋3＝10　　10人
❷（しき）18＋10＝28　28人
2 （しき）38＋13＋17＝68
68ページ

🕊️アドバイス 順に計算してもかまいません
が，今日読んだページ数を先に計算するほ
うが簡単です。
38＋(13＋17)＝38＋30＝68(ページ)

㉖ 3つの 数の 計算② 26ページ

1　❶(しき)(18+14)+6=38

　　　　　　　　　　38人

　　❷(しき)18+(14+6)=38

　　　　　　　　　　38人

2　(しき)15+11−6=20　20羽

アドバイス 何羽増えたかを先に求めて計算
することもできます。
15+(11−6)=15+5=20(羽)

㉗ 3つの 数の 計算③ 27ページ

1　❶97

　　❷87

　　❸550

　　❹690

アドバイス ❶では 29+1 を,
❷では 42+8 を, ❸では 180+20 を,
❹では 150+50 を先に計算すると楽に
なります。

2　(しき)100−(43+25)=32

　　　　　　　　　32円

㉘ 3つの 数の 計算④ 28ページ

1　❶(しき)45−17−3=25

　　　　　　　　　25人

　　❷(しき)45−(17+3)=25

　　　　　　　　　25人

2　(しき)36+(48−5)=79

　　　　　　　　　79こ

アドバイス 今日とれたみかんの数を先に計
算すると, くり上がりやくり下がりがなく
なります。

㉙ まとめテスト⑤ 29ページ

1　❶530

　　❷999

2　❶>　　　　　❷<

3　❶(しき)650+320=970

　　　　　　　　　970円

　　❷(しき)650−320=330

　　　　　　　　　330円

㉚ まとめテスト⑥ 30ページ

1　(しき)15+6+4=25　25台

2　❶(しき)100−20−25=55

　　　　　　　　　55円

　　❷(しき)100−(20+25)=55

　　　　　　　　　55円

㉛ 長さ① 31ページ

1　㋐7cm　　　㋑5cm

2　❶10mm

　　❷9cm5mm

　　❸95mm

㉜ 長さ② 32ページ

1　❶直線

　　❷8cm

2　❶7, 8

　　❷65

　　❸8, 6

　　❹8, 3

　　❺6, 3

アドバイス ❺25mm+38mm=63mm
=6cm3mm です。

㉝ 長さ ③　　　　33ページ

1 ❶ 120cm
　　❷ 1m20cm
2 ❶ 2m
　　❷ 210cm
3 ❶ cm
　　❷ mm
　　❸ m

㉞ 長さ ④　　　　34ページ

1 ❶ 4, 50
　　❷ 4, 5
　　❸ 1, 18
　　❹ 2, 90
2 ❶ 25cm
　　❷ ゆみさんと　かりんさん

㉟ 水の　かさ ①　　　　35ページ

1 ❶ 3
　　❷ 1, 8
　　❸ 1, 2
2 ❶ 30　　　　❷ 5
　　❸ 27
　　❹ 4, 8
　　❺ 1, 5

㊱ 水の　かさ ②　　　　36ページ

1 ❶ 13dL
　　❷ 8dL
2 ❶ 1L8dL
　　❷ 1L2dL

㊲ 水の　かさ ③　　　　37ページ

1 ❶ 10　　　　❷ 1000
　　❸ 400
　　❹ 2
2 ❶ 牛にゅうびん
　　❷ 水とう
　　❸ なべ

アドバイス かさの単位は，その量がどれくらいなのかがわかりにくいので，日常の生活で慣れていくように注意をはらってください。

㊳ 水の　かさ ④　　　　38ページ

1 ❶ 180
　　❷ 1
2 700mL

アドバイス 2dL＝200mL だから，200mL＋500mL＝700mL になります。

3 800mL

アドバイス 1L は 1000mL だから，1000mL－200mL＝800mL になります。

㊴ まとめテスト ⑦　　　　39ページ

1 ❶ 300　　　　❷ 30
　　❸ 260
　　❹ 206
2 ❶ 4cm5mm
　　❷ 12cm
　　❸ 7cm5mm

㊵ まとめテスト ⑧　　　　40ページ

1 ❶ 3000
　　❷ 23

❸ 1, 4

2 **❶** L

❷ mL

3 7dL

test
⚡**アドバイス** 1L2dL は 12dL だから，
12dL−5dL＝7dL になります。

㊶ **三角形と　四角形 ①**　　41ページ

1 ⑦, ⑨

2 **❶** 3

❷ へん

❸ ちょう点

❹ 3

㊷ **三角形と　四角形 ②**　　42ページ

1 ⑨, ㋔

2 **❶**（れい）

❷（れい）

⚡**アドバイス**　（れい）の切り方のほかにも，
いろいろな切り方が考えられます。

㊸ **長方形・正方形・直角三角形 ①**　43ページ

1 **❶** 直角

❷ へん

❸ 正方形

2 長方形…㋔

正方形…⑨

㊹ **長方形・正方形・直角三角形 ②**　44ページ

1 **❶** 5cm

❷ 3cm

❸ 16cm

2 **❶** 5cm

❷ 5cm

❸ 20cm

⚡**アドバイス**　かけ算はまだ学習していないの
で，まわりの長さはたし算で求めさせます。

㊺ **長方形・正方形・直角三角形 ③**　45ページ

1 **❶** 直角三角形

❷

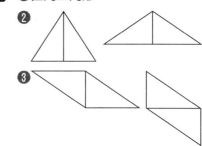

❸

⚡**アドバイス**　**❷**，**❸** 2つの直角三角形を合
わせて，三角形や四角形をつくる問題です。
向きがちがっていても正解です。

㊻ **長方形・正方形・直角三角形 ④**　46ページ

1 **❶**

❷

76

③
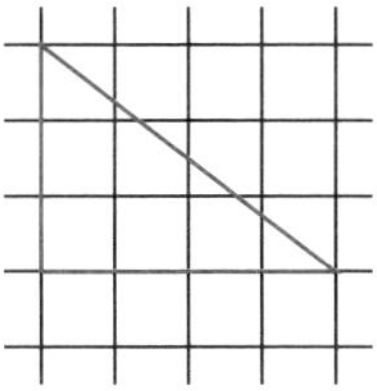

④
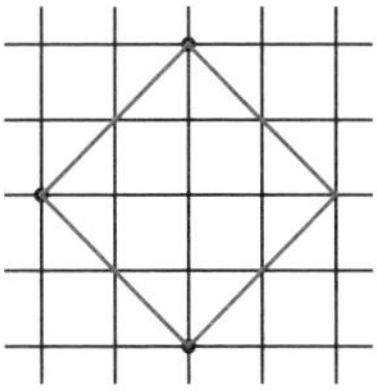

アドバイス ❶，❷，❸向きや位置がちがっていても正解です。

(47) はこの　形 ①　47ページ

1 ❶面

❷へん

❸ちょう点

2 ❶6，12，8

❷2

(48) はこの　形 ②　48ページ

1 ❶長方形（ちょうほうけい）

❷㋔

2 ㋐

(49) はこの　形 ③　49ページ

1 ❶5cm の　ひご…4 本

6cm の　ひご…4 本

8cm の　ひご…4 本

❷76cm

❸8 こ

❹3 本

(50) はこの　形 ④　50ページ

1 ❶正方形（せいほうけい）

❷10cm の　ひごが　12 本

❸8 こ

2 ㋐

(51) まとめテスト ⑨　51ページ

1 長方形…㋑

正方形…㋖

直角三角形…㋔

2 ❶
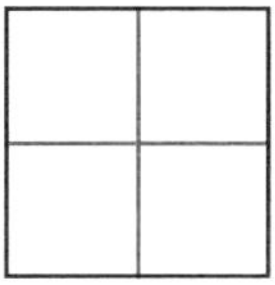

❷
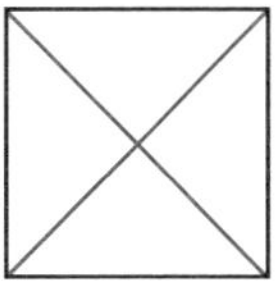

(52) まとめテスト ⑩　52ページ

1 ❶4 本　　❷8 こ

2
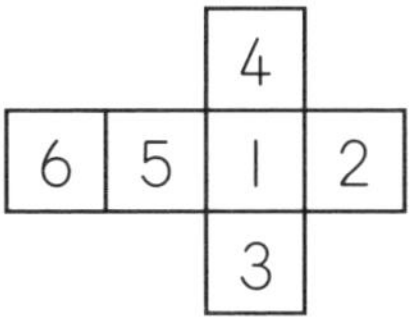

アドバイス 1 と 6，2 と 5，3 と 4 が，それぞれむかい合うようにします。

(53) かけ算 ①　53ページ

1 （しき）5×6=30　30 こ

2 （しき）2×7=14　14 こ

3 （しき）3×8=24　24 まい

4 （しき）4×3=12　12cm

(54) かけ算 ② 54ページ

1 (しき)8×5=40 40円

2 (しき)7×3=21 21日

3 (しき)6×8=48 48ページ

4 (しき)9×6=54 54人

アドバイス 6の段，7の段，8の段，9の段の九九は覚えにくいので，何度もくり返し学習させるようにしてください。

(55) かけ算 ③ 55ページ

1 ❶5ばい

❷㋓

2 ❶4，2

❷6，2

アドバイス

❶
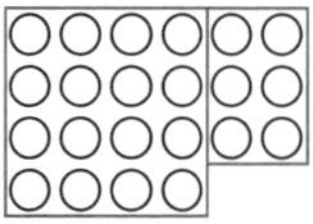
❷
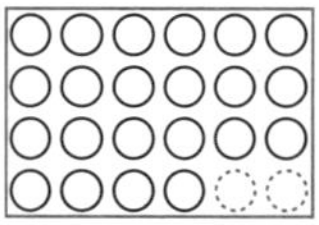

(56) かけ算 ④ 56ページ

1 ❶7×7=49

❷3×8=24，8×3=24，4×6=24，6×4=24

2 ❶8

❷7

(57) 10000までの 数 ① 57ページ

1 ❶四千百二十六

❷4

❸1，6

2 ❶1500

❷9990

❸5023

(58) 10000までの 数 ② 58ページ

1 ❶> ❷<

❸< ❹>

2 ❶7500

❷9700

❸9960

(59) 分数 ① 59ページ

1 ㋑

2 ㋒

3 ㋒

(60) 分数 ② 60ページ

1 ❶
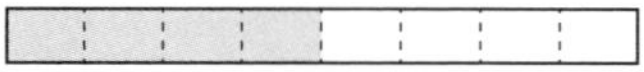
❷
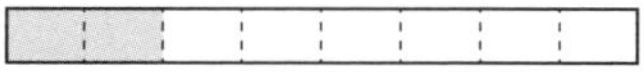

2 ❶
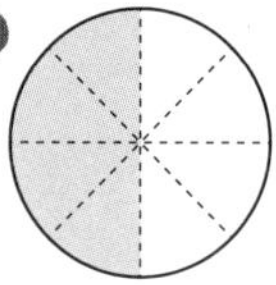
❷
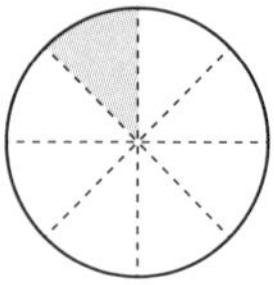

アドバイス 色をぬる場所が異なっていてもかまいません。

3 ❶3

❷2

(61) まとめテスト ⑪ 61ページ

1 (しき)8×3=24 24まい

2 (しき)9×7=63 63まい

3 4×9=36，9×4=36，6×6=36

⑥ まとめテスト ⑫ 62ページ

1 ❶ 2300
　❷ 6
　❸ 9800
　❹ 100

2 $\frac{1}{2}$…オ, $\frac{1}{4}$…イ, $\frac{1}{8}$…カ

⑥ 図を つかって 考えよう ① 63ページ

1 ❶ 60−29=31
　❷ 60−31=29
　❸ 31+29=60

⑥ 図を つかって 考えよう ② 64ページ

1 ❶⑦ 18　　　　⑦ 25
　❷(しき)25−18=7　　　7人

2 ❶⑦ 46　　　　⑦ 14
　❷(しき)46+14=60　60まい

⑥ 図を つかって 考えよう ③ 65ページ

1 ❶⑦ 18さつ　　⑦図かん
　　⑨絵本　　　　⑪ 5さつ
　❷(しき)18−5=13　13さつ

2 (しき)250−130=120
　　　　　　　　　　　120円

アドバイス 次のような図になります。

⑥ 図を つかって 考えよう ④ 66ページ

1 ❶⑦ 125cm
　　⑦えりな
　　⑨お父さん
　　⑪ 48cm
　❷(しき)125+48=173
　　　　　　　　　　　173cm

2 (しき)18+6=24　　　24こ

アドバイス 次のような図になります。

⑥ いろいろな もんだい ① 67ページ

1 9人

アドバイス

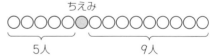

2 6番目

アドバイス

3 9人

アドバイス

⑥⑧ いろいろな　もんだい ②　68ページ

1 ❶ 21　　❷ 17

　　❸ 34　　❹ 4

 アドバイス それぞれ次のように数が入ります。

⑥⑨ まとめテスト ⑬　69ページ

1 ❶㋐ 300　　　　㋑ 120

　　❷(しき) 300−120=180

　　　　　　　　　　　180mL

2 ❶㋐ 22　　　　㋑ 5

　　❷ 39本

アドバイス 白い花は，22−5=17（本）咲いているので，全部で，22+17=39（本）になります。

⑦⓪ まとめテスト ⑭　70ページ

1 ❶ 6番目

アドバイス

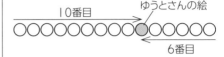

2 ❶ 48

　　❷ 4

アドバイス いちばん上のますの数は，いちばん下のますに書いた数の 8 倍になります。

いちばん下のますの数が 6 のとき，下から 2 番目のますの数は 6+6=12，下から 3 番目のますの数は 12+12=24，いちばん上のますの数は 24+24=48 です。これを逆にたどっていくと，いちばん上のますの数が 32 のときは，16+16=32 だから上から 2 番目のますの数は 16，8+8=16 だから上から 3 番目のますの数は 8，4+4=8 だからいちばん下のますの数は 4 とわかります。